Ernst Probst

Das Protoacheuléen

Eine Kulturstufe der Altsteinzeit
vor etwa 1,2 Millionen bis 600.000 Jahren

Widmung
Den Prähistorikern und Prähistorikerinnen gewidmet,
die mich bei meinen Büchern über die Steinzeit unterstützt haben

Impressum:
Das Protoacheuléen
1. Auflage als Print-Buch: Juni 2019
Autor: Ernst Probst
Im See 11, 55246 Mainz-Kostheim
Telefon: 06134/21152
E-Mail: ernst.probst (at) gmx.de
Herstellung: Amazon Distribution GmbH, Leipzig
Alle Rechte vorbehalten
ISBN: 978-1-076-83031-9

Tierwelt im Eiszeitalter vor etwa 600.00 Jahren.
Bild: Gemälde von Fritz Wendler (1941–1995)
für das Buch „Deutschland in der Steinzeit" (1991)
von Ernst Probst

Frühmenschen auf der Pirsch vor etwa 600.000 Jahren.
Bild: Gemälde von Fritz Wendler (1941–1995)
für das Buch „Deutschland in der Steinzeit" (1991)
von Ernst Probst

Vorwort

Rund 600.000 Jahre lang dauerte jene Kulturstufe der Altsteinzeit, die in dem Taschenbuch „Das Protoacheuléen" des Wiesbadener Wissenschaftsautors Ernst Probst beschrieben wird. Als eindrucksvollster Beweis für die Anwesenheit von Frühmenschen in Deutschland gilt der 1907 in Mauer bei Heidelberg entdeckte Unterkiefer des Heidelberg-Menschen. Er kam in rund 630.000 Jahre alten Ablagerungen des Flusses Neckar zum Vorschein und stammt von einem jungen Mann. Entdecker des wissenschaftlich wertvollen Fundes war der Sandgrubenarbeiter Daniel Hartmann (1854–1952), der abends im Wirtshaus seinen Stammtischfreunden erzählte, heute habe er den biblischen Adam gefunden. Man kann es kaum glauben, dieser Unterkiefer ist bisher der einzige Fossilfund eines Menschen aus einer mehr als eine halbe Million Jahre währenden Kulturstufe.

Prähistoriker Gabriel de Mortillet (1821–1898).
Foto: (via Wikimedia Commons),
Lizenz: gemeinfrei (Public domain)

Das Protoacheuléen

Die ältesten archäologischen Zeugnisse für die Existenz von Frühmenschen in Deutschland stammen aus dem Protoacheuléen vor etwa 1,2 Millionen bis 600.000 Jahren. In dieser Zeitspanne sind offensichtlich die ersten Jäger und Sammler eingewandert. Der Begriff Protoacheuléen wurde 1985 von dem Marburger Prähistoriker Lutz Fiedler geprägt. Dieser Name besagt, dass es sich um eine Kulturstufe vor dem eigentlichen Acheuléen handelt. Der Ausdruck Acheuléen erinnert an den französischen Fundort Saint-Acheul bei Amiens an der Somme. Er wurde 1869 von dem Prähistoriker Gabriel de Mortillet (1821–1898) aus Saint-Germain bei Paris eingeführt. Auch während der Zeitdauer des Protoacheuléen kam es in Deutschland zu einem mehrfachen Wechsel von Kalt- und Warmzeiten. In der nach einem holländischen Fluss bezeichneten Waal-Warmzeit, die bereits vor etwa 1,4 Millionen Jahren begonnen hatte, war das Klima so mild, dass selbst wärmeliebende Bäume wieder wachsen konnten. In Norddeutschland folgte vor etwa 1,1 Millionen Jahren die Menap-Kaltzeit, die nach der Völkerschaft der Menapier benannt ist. An die Stelle der Laubwälder traten in diesem Abschnitt Landschaften, die wahrscheinlich Ähnlichkeit mit gras- und heidereichen Tundren hatten. Vor etwa 1,07 Millionen Jahren begann in Deutschland das Bavelium (auch Bavelien oder Bavel-Komplex genannt), das bis 990.000 Jahre vor heute dauerte. Sein Name ist vom holländischen Fundort Bavel abgeleitet. Das Bavelium wurde 1983 von dem niederländischen Geologen Waldo Helidoor Zagwijn (1928–2018) und dem Palynologen Jan de Jong (beide

Säbelzahnkatze (Homotherium crenatidens).
Zeichnung: Shuhei Tamura, Kanagawa, Japan

Europäischer Jaguar (Panthera onca gombaszoegensis)-.
Zeichnung: Shuhei Tamura, Kanagawa, Japan

„Rijksgeologische Dienst" in Haarlem) erstmals beschrieben. Zum Bavel-Komplex gehören die Bavelium-Warmzeit, die Linge-Kaltzeit, die Leerdam-Warmzeit und die Dorst-Kaltzeit, die allesamt nach holländischen Fundorten bezeichnet sind. Im Bavelium wanderten allmählich wieder Bäume wie die Kiefer *(Pinus)*, Hemlocktanne *(Tsuga)*, Erle *(Alnus)*, Ulme *(Ulmus)*, Eibe *(Taxus)*, Buche *(Carpinus)* und kautschukhaltige Eukommie *(Eucommia)* ein. Auffällig ist der zeitweise sehr hohe Anteil von Hemlocktannen, der – nach pollenanalytischen Untersuchungen zu schließen – manchmal etwa 25 bis 50 Prozent erreicht. Wegen ihres teilweise hohen Prozentsatzes von Hemlocktannen-Pollen könnten unter anderem die Fundstellen Schwanheim im Mainzer Becken und Uhlenberg bei Zusmarshausen westlich von Augsburg in das Bavelium gehören. Faszinierende Einblicke in die Tierwelt des Bavelium vor etwa einer Million Jahren erlauben die Funde aus dem Flussbett der Ur-Werra bei Untermaßfeld nahe Meiningen in Thüringen. Bei den Ausgrabungen des Weimarer Paläontologen Ralf-Dietrich Kahlke kamen Reste ungewöhnlich vieler Tiere zum Vorschein, die bei Hochwasser ums Leben gekommen waren. In diesem eiszeitlichen Leichenfeld lagen Fossilien vom Flusspferd *(Hippopotamus amphibius antiquus)*, Südelefanten *(Mammuthus meridionalis)*, der Säbelzahnkatze *(Megantereon cultridens adroveri, Homotherium crenatidens)*, vom Europäischem Jaguar *(Panthera onca gombaszoegensis)*, Puma *(Puma pardoides)*, Gepard *(Acinonyx pardinensis pleistocaenicus)*, Luchs *(Lynx issiodorensis)*, der Hyäne *(Pachycrocuta brevirostris)* und vom Makaken oder Magot *(Macaca sylvanus)*. Die Fundstelle bei Untermaßfeld gilt als die mit Abstand wichtigste und reichhaltigste ihrer Zeitstellung in Europa. Insgesamt wurden mehr als 15.000 Wirbeltierreste (davon etwa 4.000 von Kleinsäugern) von rund 100 Arten geborgen. Darunter befinden sich spektakuläre Entdeckungen. Die

Paläontologe Ralf-Dietrich Kahlke.
Archiv: Forschungsstelle für Quartärpaläontologie
der Senckenbergischen Naturforschenden Gesellschaft, Weimar

Flusspferde aus Untermaßfeld gelten als die größten aller Zeiten. Weitere Raritäten sind der früheste Jaguar und Gepard aus Deutschland. Zudem entdeckte man bei Untermaßfeld neue Tierarten wie den *Bison menneri*, das Reh *Capreolus cusanoides*, den großen Hirsch *Eucladoceros giulii*, das Wildpferd *Equus wuesti* und den Bären *Ursus rodei*. *Bison menneri* ist mit einer Schulterhöhe von 1,78 Meter der größte Bison aller Zeiten. Der eigenständige Charakter, die Vollständigkeit und die gute Überlieferungsqualität der Untermaßfelder Säugetierfossilien haben Ralf-Dietrich Kahlke bewogen, für die Zeit vor etwa 1,2 Millionen bis 900.000 Jahren den Begriff Epi-Villafranchium vorzuschlagen.

Vor fast einer Million Jahren brachen in der Hohen Eifel, West- und Osteifel immer wieder Vulkane aus. Solche Naturkatastrophen dürften Tiere und vielleicht auch Frühmenschen erschreckt haben. In der Linge-Kaltzeit wandelte sich die Flora. Nun beherrschten klimatisch weniger anspruchsvolle Bäume wie die Kiefer und die Birke *(Betula)* das Bild der Landschaft. In der Leerdam-Warmzeit setzten sich neben der Birke und der Kiefer auch die Ulme, die Eiche *(Quercus)* und die Buche durch. In der Dorst-Kaltzeit dominierten dann wieder niedrige Gräser und Heidepflanzen. Nach dem Bavelien-Komplex gab es in Deutschland keine wärmeliebenden Eukommien, aber auch keine Hemlocktannen mehr.

In die Zeit des Protoacheuléen fällt der Cromer-Komplex, ein Abschnitt des Eiszeitalters vor etwa 800.000 bis 480.000 Jahren. Das Klima im Cromer war nicht einheitlich. Einerseits gab es sehr milde, andererseits aber auch kühle Abschnitte. In Mitteleuropa wird das Comer in vier Warmzeiten und vier Kaltzeiten unterteilt. Die charakteristische Cromer-Forest-Bed-Abfolge bei Cromer in Norfolk (England) wurde 1882 von dem englischen Geologen Clement Reid (1853–1916) beschrieben.

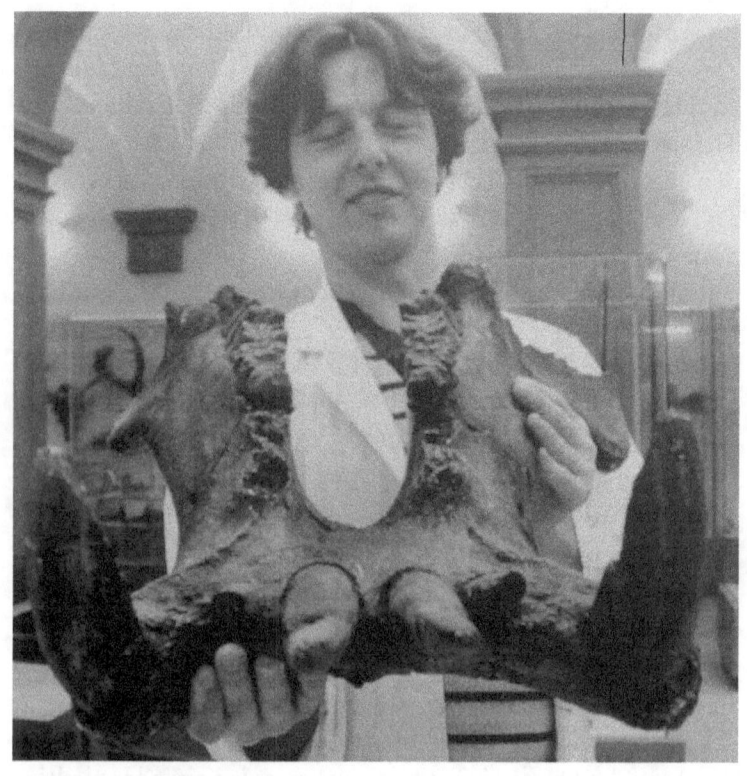

*Unterkiefer eines jugendlichen Flusspferdes
aus den Mosbach-Sanden (früher: Mosbacher Sande)
bei Mainz-Amöneburg (Stadtkreis Wiesbaden).
Foto: Naturhistorisches Museum Mainz*

Zeitweilig dürfte das Klima im Cromer so warm gewesen sein wie in der heutigen Kurzgrassavanne Serengeti in Tansania (Afrika). In solchen Phasen schwammen ganze Herden von Flusspferden im Rhein. Im „Naturhistorischen Museum Mainz" ist ein 55 Zentimeter langer Unterkiefer eines jugendlichen Flusspferds aus den Mosbach-Sanden (früher: Mosbacher Sande) bei Mainz-Amöneburg zu bewundern. Die Mosbach-Sande sind nach dem kleinen Ort Mosbach zwischen Wiesbaden und Biebrich benannt, in dessen Bereich schon 1845 erste eiszeitliche Großsäugerreste entdeckt wurden. An Land lebten damals ebenfalls viele Exoten. Dazu gehörten unter anderem Affen, Säbelzahnkatzen, von der Kopf- bis zur Schwanzspitze maximal 3,60 Meter lange, riesige Löwen (Mosbacher Löwe), Europäische Jaguare, Geparden, Hyänen, Südelefanten, Europäische Waldelefanten und Nashörner. Außerdem gab es Hirsche, Rehe, Wildpferde, Bisons, Bären, Wölfe, Luchse, Wildschweine, Biber und Hasen.

Auch im Cromer herrschte im Gebiet der Eifel starker Vulkanismus. Die vulkanischen Auswurfprodukte erweisen sich manchmal als Glücksfall für die Prähistoriker. Da sie gut radiometrisch datierbar sind, kann man mit ihrer Hilfe zuweilen das geologische Alter einer Fundschicht ermitteln.

In klimatisch günstigen Abschnitten des Cromer gediehen Eichenmischwälder, in denen neben Eichen auch Eiben und Erlen standen. Seltener waren Haselnusssträucher und Hainbuchen. Während kühlerer Abschnitte breiteten sich Nadelwälder aus, in denen Kiefern dominierten. Birken waren zu Beginn und gegen Ende jeder Warmzeit des Cromer häufig.

Zu den Fundstellen mit reichen Tierresten aus dem Cromer in Deutschland zählen unter anderem die Mosbach-Sande im Stadtkreis von Wiesbaden (Hessen), die Mauerer Sande von Mauer bei Heidelberg (Baden-Württemberg), mehrere Orte am

Bis zu 3,60 Meter lang:
Mosbacher Löwe
(Panthera leo fossilis).
Zeichnung: Shuhei Tamura,
Kanagawa, Japan

Das Dorf Mosbach bei Wiesbaden auf einem Bild von 1815

Mittelmain in Unterfranken (Bayern) sowie Voigtstedt (Thüringen).

Zu den ältesten Belegen für die Anwesenheit von Frühmenschen in Deutschland gehört ein schätzungsweise eine Million Jahre altes primitives Steinwerkzeug, das in einer Tongrube von Kärlich bei Koblenz im Mittelrheingebiet (Rheinland-Pfalz gefunden wurde. Dabei handelt es sich um einen Rhein-Flusskiesel aus Quarzit, an dem ein Frühmensch mit wenigen Schlägen eine Schneidekante geschaffen hatte. Dieses einfache Werkzeug dürfte dem Protoacheuléen zuzurechnen sein. Der seltene Fund glückte 1982 dem Sammler Konrad Würges aus Kärlich und wurde von dem Kölner Prähistoriker Gerhard Bosinski als Werkzeug bestätigt.

Ins Protoacheuléen datieren kann man vermutlich auch die Steinwerkzeuge von Gondorf in Rheinland-Pfalz. Die Flusskiesel, aus denen diese Werkzeuge zurechtgehauen wurden, stammen aus etwa 1,2 Millionen bis 600.000 Jahre alten Schichten der Mosel. Die Steinwerkzeuge von Gondorf hat 1970 der Marburger Prähistoriker Lutz Fiedler entdeckt. Später trugen der Marburger Archäologiestudent Axel von Berg und der Sammler Horst Klingelhöfer aus Marl an diesem Fundort ganze Kollektionen solcher Werkzeuge zusammen.

Ein Alter von nahezu einer Million Jahren wird außerdem für ein- oder zweiseitig behauene Quarzit-Kiesel von Hünfeld-Großenbach im Kreis Fulda (Hessen) diskutiert. Derart archaische Steinwerkzeuge mit einer einzigen Schneidekante wurden 1979 durch den Sammler Heinrich Leister aus Rothenkirchen entdeckt. Zwischen 700.000 und 600.000 Jahre alt sollen Steinwerkzeuge von Winningen an der Mosel und von Weiler bei Bingen sein. In Winningen wurden 1979 ein Chopper aus Quarzit und 1980 zwei Chopper entdeckt. Entdecker der beiden letzteren war der damalige Marburger Archäologiestudent Axel von Berg. In Weiler bei Bingen hat der Winzer und Heimatforscher Heinrich Bell (1907–1986) aus Weiler seit 1948 Steinwerkzeuge gesammelt. Nach dem Vorbild von Bell trug später auch der Maurermeister und Heimatforscher Kurt Hochgesand aus Waldalgesheim altsteinzeitliche Artefakte zusammen. Vielleicht haben auch die bereits 1910 im Lindengrund bei Heddesheim nordwestlich von Bad Kreuznach aufgelesenen Steinwerkzeuge ein ähnlich hohes Alter. 1918 entdeckte der Heimatforscher Franz Kilian (1875–1958), Besitzer der Löwenzeiler Mühle und zeitweise Buchhändler in Bad Kreuznach, in der Sandgrube Faust im Lindengrund von Heddesheim einen altsteinzeitlichen Lagerplatz, der von dem Lehrer und späteren Museumsdirektor Karl Geib (1883–1951) aus Bad Kreuznach ausgegraben und beschrieben wurde. Weiler, Winningen und Heddesheim liegen in Rheinland-Pfalz.

Auf mehr als 650 000 Jahre alt werden zwei Faustkeile aus Quarzit geschätzt, die von einem Sammler aus Kiesschichten des Rheins bei Kirchhellen zwischen Bottrop und Dorsten geborgen wurden. Sie sind die bisher ältesten bekannten Funde aus Nordrhein-Westfalen.

Mehr als 600.000 Jahre alt könnten auch einige Geröllgeräte aus dem Rodachtal von Kronach in Oberfranken (Bayern) sein. Die bisher älteste Siedlung Deutschlands wurde bei Miesenheim im Mittelrheingebiet (Rheinland-Pfalz) entdeckt. Man hatte sie vor etwa 680.000 Jahren auf einem Geländesporn, der heute Kalbrichskopf heißt, angelegt. Der Siedlungsplatz Miesenheim I befindet sich am östlichen Ufer der Nette, einem Nebenfluss des Rheins. Auf ihn war 1982 der Sammler Karl Heinz Urmersbach aus Weißenthurm aufmerksam geworden, als er Tierknochen bemerkte, die bei Baggerarbeiten im Gefolge des industriellen Bimsabbaus zum Vorschein kamen. Die Siedlungsreste von Miesenheim wurden nach einem Vulkanausbruch durch einen Basaltlavastrom bedeckt, vor späterer Abtragung und Zerstörung bewahrt und so der Nachwelt erhalten. Der hohe Anteil von Wasserpflanzen am Fundort deutet darauf hin, dass nicht weit davon ein See gelegen haben muss. Reste irgendeiner Behausung konnte man in Miesenheim nicht nachweisen. Man barg aber eine große Anzahl von Tierknochen, die vom Europäischen Waldelefanten, Nashorn, Wildpferd, Hirsch und Reh stammten. Die meisten Knochen trugen keine Schnitt- oder Schlagspuren. Jedoch deuten typische Brüche von drei Knochenfragmenten eines Rothirschen auf das Zerlegen dieser Jagdbeute durch Frühmenschen hin.

Die Frühmenschen von Miesenheim dürften manchmal vom Jäger zum Gejagten geworden sein, wenn sie großen Raubtieren begegneten. Bei Angriffen von Säbelzahnkatzen, Löwen, Jaguaren, Hyänen, Bären oder Wölfen ließ sich wohl keines der genannten Raubtiere nur mit einem Steinwurf oder Schlagstock vertreiben, wenn es hungrig war. Wahrscheinlich fiel der Frühmensch *Homo erectus* gar nicht so selten Raubtieren zum Opfer.

Die Steinwerkzeuge aus Quarz, Quarzit und Kieselschiefer bestanden aus einfachen Abschlägen. Diese Gesteinsarten kommen in der näheren Umgebung von Miesenheim vor. Die Frühmenschen benutzten als Rohmaterial für ihre Werkzeuge nur Gesteine, die sie nicht weit transportieren mussten. Beim Weiterziehen ließ man die Steinwerkzeuge liegen und fertigte andernorts neue an.

Die Siedlung von Miesenheim wurde zunächst von dem Kölner Prähistoriker Bosinski auf etwa 350.000 Jahre geschätzt, was der Holstein-Warmzeit entspricht. Später musste diese Ansicht korrigiert werden, weil die vulkanischen Ablagerungen über der Hauptfundschicht von Miesenheim von dem Bochumer Vulkanologen Paul van der Boogard mit modernen natur-

1907 entdeckter Unterkiefer des Heidelberg-Menschen
von Mauer bei Heidelberg.
Foto: Gerbil / CC-BY-3.0 (via Wikimedia Commons),
lizensiert unter Creative-Commons-Lizenz by-3.0-de,
https://creativecommons.org/licenses/by/3.0/legalcode

wissenschaftlichen Methoden auf etwa 680.000 Jahre datiert worden waren. Dies wurde im März 1988 bei einem internationalen Kolloquium in Andernach über die ältesten Siedlungen Europas bekannt.

Als eindrucksvollster Hinweis für die Anwesenheit von Frühmenschen in Deutschland gilt der in einer Sandgrube von Mauer bei Heidelberg (Baden-Württemberg) entdeckte mächtige Unterkiefer mitsamt Zähnen. Wenn sein durch radiometrische Datierungsmethoden ermitteltes Alter von etwa 630.000 Jahren zutrifft, hat dieser *Homo erectus* vermutlich in der Warmzeit Cromer II gelebt, die dem Ende des Protoacheuléen entspricht. In der Vergangenheit sind die Altersangaben für diesen berühmten Fund mehrfach korrigiert worden. Bevor man 1982 die auf etwa 1,2 Millionen Jahre datierten umstrittenen Schädelreste des Mannes von Orce in Spanien entdeckte, die später einem Esel oder Wildpferd zugeschrieben werden, galt der Heidelberg-Mensch von Mauer als der älteste Europäer.

Der Fundort in Mauer liegt im Bereich einer ehemaligen Schleife des eiszeitlichen Neckars, die von Neckargemünd bis Mauer reichte. Der Fluss hatte in diesem Abschnitt Sand, Kies, Reste toter Tiere und auch den Unterkiefer jenes Frühmenschen transportiert und abgelagert. Sehr weit dürfte er den Unterkiefer nicht mitgerissen haben, weil dieser keine Abrollspuren erkennen lässt. Unterkiefer sind ziemlich sperrig und verhaken sich relativ leicht beim Transport im Wasser, gelangen in den Untergrund, werden mit Ablagerungen überdeckt und dadurch erhalten. Als der Neckar später seinen Lauf änderte fiel die Fundstelle trocken.

Wie der Unterkiefer in den Neckar geraten ist, weiß man nicht. Vielleicht stammte er von einem Frühmenschen, der an den Folgen einer Krankheit am Ufer starb? Danach war womöglich

Rekonstruktion des Heidelberg-Menschen.
Foto: Jose Luis Martinez Alvarez / CC-BY-SA2.0
(via Wikimedia Commons),
lizensiert unter Creative-Commons-Lizenz by-sa-2.0-de,
https://creativecommons.org/licenses/by-sa/2.0/legalcode

der Leichnam verwest, der Unterkiefer auf natürliche Weise vom Skelett gelöst und durch Hochwasser oder Raubtiere in den Fluss gelangt. Denkbar ist aber auch ein Unglücksfall beim Überqueren des Neckars, wobei dieser Frühmensch ertrank. Vielleicht haben aber auch Zeitgenossen nach seinem Tode den Schädel vom Körper getrennt – wie es oftmals in der Altsteinzeit geschah – und ins Wasser geworfen? Der Unterkiefer des Heidelberg-Menschen zeigt, dass dieser kein Kinn besaß. Er ist mit 12,5 Zentimetern länger als die Unterkiefer heutiger Menschen. Im Verhältnis zur Höhe von 6,8 Zentimetern wirkt er mit 14 Zentimetern auffallend breit. Die Form des aufsteigenden Astes deutet auf kräftige Kaumuskeln hin. Die Größe und Robustheit des Unterkiefers sprechen für einen Mann.

Da die Schneidezähne und die Backenzähne stark abgekaut sind, die Weisheitszähne dagegen kaum Abnutzungsspuren aufweisen, schätzt man das Sterbealter des Heidelberg-Menschen auf etwa 20 bis 25 Jahre. Die Schneide- und Eckzähne waren länger als bei jetzigen Menschen, die Backenzähne jedoch nicht wesentlich größer. Der Zahnbogen besitzt also keine Lücken für etwaige über die Zahnreihe im Oberkiefer hinausragende Reißzähne wie bei den Menschenaffen. Die Gestalt des Unterkiefers von Mauer liefert einen Hinweis dafür, dass der Heidelberg-Mensch noch nicht so artikuliert sprechen konnte wie die Menschen der Gegenwart. Vor allem die Bildung von verschiedenen Konsonanten – wie beispielsweise H, L, R, S und Z – war bei der flachen und weiten Führung der Luft im Mund nicht möglich. Bei der Aussprache von Konsonanten muss nämlich die ausströmende Atemluft während einer gewissen Zeit gehemmt oder eingeengt werden.

Nach Untersuchungen des französischen Zahnarztes Pierre François Puech aus Nîmes hat der Heidelberg-Mensch nicht

Sandgrubenarbeiter Daniel Hartmann (1854–1952),
der Entdecker des Heidelberg-Menschen von Mauer bei Heidelberg.
Foto: Porträt vor 1952

nur Fleisch, sondern auch pflanzliche Nahrung gegessen. Er las dies an den Kratzern auf den seitlichen Oberflächen der Zähne ab, die typische Muster für die eine wie für die andere Art der Ernährung zeigen. Auffällige Kratzer an den Außenflächen der Schneidezähne verraten, wie der Heidelberg-Mensch rohes Fleisch verzehrte. Er biss hinein und trennte das Fleisch dann mit einem scharfen Steinsplitter ab, wie es heute noch die Eskimos praktizieren.

Der Tübinger Anthropologe Alfred Czarnetzki (1937–2013) stellte am Gebiss des Unterkiefers von Mauer Spuren von Paradontitis fest. Durch diese Zahnbetterkrankung war aber noch kein Zahn ausgefallen. Heute fehlen lediglich zwei Backenzahnkronen, die nach dem Zweiten Weltkrieg verloren gingen, als Plünderer den in ein Bergwerk ausgelagerten Unterkiefer achtlos wegwarfen. Der Heidelberg-Mensch litt außerdem an einer schmerzhaften Arthritis der Kiefergelenke, die durch eine Infektion oder Fehlbelastung beim Kauen entstanden sein konnte. Darauf deuten die abgeflachten Gelenkfortsätze hin.

Den Unterkiefer des Heidelberg-Menschen hat der Sandgrubenarbeiter Daniel Hartmann (1854–1952) aus Mauer am 21. Oktober 1907 entdeckt. Er grub in der Sandgrube Rösch im Gewann Grafenrain auf der Gemarkung Mauer nach Sand, als er zufällig auf den Unterkiefer stieß. Vielleicht traf er diesen dabei hart mit seiner Schaufel, denn der Knochen brach entzwei als er davon herunterglitt.

Über den Unterkieferfund wurde noch am Entdeckungstag der Heidelberger Paläontologe Otto Schoetensack (1850–1912) per Telegramm informiert. Er war in Mauer bekannt, weil er dort häufig Knochenreste untersuchte, die von Sandgrubenarbeitern geborgen wurden. Dabei bat er den Sandgrubenbesitzer und die Arbeiter immer wieder, auf außergewöhnliche Funde zu

Paläontologe Otto Schoetensack (1850–1912),
Erstbeschreiber des Heidelberg-Menschen (Homo heidelbergensis).
Foto: Porträt von 1882

achten und sie ihm zu melden. Schoetensack fuhr mit der Bahn nach Mauer, um den Unterkiefer abzuholen. Er ließ das Fossil, auf dem sich noch ein Kalksteingeröll befand, präparieren, untersuchte es und beschrieb 1908 den Fund als *Homo heidelbergensis*, obwohl er in Mauer geborgen worden war. Später wurde der Unterkiefer des Heidelberg-Menschen als *Homo erectus heidelbergensis* bezeichnet – also als eine Unterart des Frühmenschen *Homo erectus*.

Am Fundort des berühmten Heidelberg-Menschen von Mauer konnten bisher keine Steinwerkzeuge aus dem Protoacheuléen entdeckt werden. Die von dem Ahrensburger Prähistoriker Alfred Rust (1900–1983) in Mauer entdeckten Hackgeräte (Choppers) sind – wie sich später herausstellte – auf natürliche Weise entstanden und nicht von Heidelberg-Menschen zugeschlagen worden. Daher hat der 1956 von Rust geprägte Begriff „Heidelberger Kultur" keine Gültigkeit.

Sehr umstritten sind auffällig geformte Knochen vom Wildpferd, Wisent und Elefanten, die 1929, 1931 und 1936 in mehr als 600.000 Jahre alten Ablagerungen der Mosbach-Sande bei Mainz-Amöneburg (heute: Stadtkreis Wiesbaden) gefunden wurden. Der Mainzer Zoologe Otto Schmidtgen (1879–1938) glaubte, die von ihm entdeckten auffälligen Knochen seien durch Abschlagen und Abschleifen von Teilen zu Artefakten umgearbeitet worden. Er deutete diese umstrittenen Funde als Dolch, Messer, Glätter, Stichel, Bohrer und Schaber. Schmidtgen war zwischen 1914 und 1938 Direktor des „Naturhistorischen Museums Mainz" und wurde 1917 zum Professor ernannt. 1929 und 1931 berichtete er im „Jahrbuch des Nassauischen Vereins für Naturkunde" sowie 1930 in einer Festschrift über Knochenartefakte aus dem Mosbacher Sand. 1931 schrieb er, schon immer sei die Annahme berechtigt gewesen, dass der *Homo heidelbergensis* auch „bei uns" (gemeint

Umstrittene Knochenwerkzeuge
von der mehr als 600.000 Jahre alten Fundstelle Mainz-Amöneburg
(heute: Stadtkreis Wiesbaden).
Foto: Naturhistorisches Museum Mainz

Zoologe Otto Schmidtgen (1879–1938, Mitte)
mit den Paläontologen Othenio Abel (1875–1946, links)
und Wolfgang Soergel (1889–1946, rechts)
Foto: Naturhistorisches Museum Mainz

Rekonstruktion des Heidelberg-Menschen (Homo heidelbergenis).
Zeichnung. Fritz Wendler (1941–1995)
für das Buch „Deutschland in der Steinzeit" (1991)
von Ernst Probst

sind die Mosbach-Sande von Wiesbaden) gelebt habe. Die Entfernung der beiden Fundstellen (nämlich Mosbach-Sande und Mauerer Sande) sei nicht sehr groß. Der Wildreichtum am Taunusabhang und im breiten Rheintal sei, wie die Funde zeigten, wohl größer als dort, wo der Unterkiefer des Heidelberg-Menschen zum Vorschein gekommen war. Es wäre geradezu ein Wunder, wenn die Jäger ihre Jagdzüge nicht auch bis hierher ausgedehnt hätten. Die Originalfunde der im „Naturhistorischen Museum Mainz" aufbewahrten mutmaßlichen Knochenwerkzeuge wurden im Zweiten Weltkrieg (1939–1945) zerstört. Aber es sind noch Abgüsse davon vorhanden. Im Buch „Deutschland in der Urzeit" (1986) von Ernst Probst sind zwei dieser Abgüsse abgebildet. Der größere davon ist ein etwa 20 Zentimeter langer Wildpferdknochen mit dem Aussehen eines Dolches.

Hinweise dafür, dass sich vor etlichen hunderttausend Jahren im Wiesbadener Nachbarort Mainz bereits Frühmenschen aufgehalten haben, gab der Mainzer Arzt und Hobby-Prähistoriker Dr. med. Christian Humburg. Er berichtete über Artefakte aus Quarzit und Kalkstein, die bei umfangreichen Baumaßnahmen zwischen 1982 und 1993 in eiszeitlichen Flussschottern von Mainz-Weisenau zum Vorschein gekommen waren. Besonders bemerkenswert war ein Quarzitgerät mit gepickten Grübchen. Manche der Artefakte könnten so alt wie die Mosbach-Sande sein, glaubt Humburg, der vermutet, in Weisenau sei ein mehrzeitig belegter Siedlungsplatz des *Homo erectus* entdeckt worden. Als das Vorkommen dieser Artefakte der zuständigen archäologischen Denkmalpflege bekanntgegeben wurde, verwies man dies in den Bereich der „unmaßgeblichen Phantasie des Entdeckers".

Autor Ernst Probst.
Foto: Klaus Benz, Fotograf, Mainz-Laubenheim

Der Autor

Ernst Probst, geboren am 20. Januar 1946 in Neunburg vorm Wald im bayerischen Regierungsbezirk Oberpfalz, ist Journalist und Wissenschaftsautor. Er arbeitete von 1968 bis 1971 bei den „Nürnberger Nachrichten", von 1971 bis 1973 in der Zentralredaktion des „Ring Nordbayerischer Tageszeitungen" in Bayreuth und von 1973 bis 2001 bei der „Allgemeinen Zeitung", Mainz. In seiner Freizeit schrieb er Artikel für die „Frankfurter Allgemeine Zeitung", „Süddeutsche Zeitung", „Die Welt", „Frankfurter Rundschau", „Neue Zürcher Zeitung", „Tages-Anzeiger", Zürich, „Salzburger Nachrichten", „Die Zeit", „Rheinischer Merkur", „Deutsches Allgemeines Sonntagsblatt", „bild der wissenschaft", „kosmos", „Deutsche Presse-Agentur" (dpa), „Associated Press" (AP) und den „Deutschen Forschungsdienst" (df). Aus seiner Feder stammen die Bücher „Deutschland in der Urzeit" (1986), „Deutschland in der Steinzeit" (1991), „Rekorde der Urzeit" (1992), „Dinosaurier in Deutschland" (1993 zusammen mit Raymund Windolf) und „Deutschland in der Bronzezeit" (1996). Von 2001 bis 2006 betätigte sich Ernst Probst als Buchverleger sowie zeitweise als internationaler Fossilienhändler und Antiquitätenhändler. Insgesamt veröffentlichte er mehr als 300 Bücher, Taschenbücher, Broschüren und über 300 E-Books.

Bücher von Ernst Probst

(Auswahl)

Als Mainz im Meer lag
Als Mainz noch nicht am Rhein lag
Der Europäische Jaguar
Der Mosbacher Löwe. Die riesige Raubkatze aus
Wiesbaden
Der Rhein-Elefant. Das Schreckenstier von Eppelsheim
Der Ur-Rhein. Rheinhessen vor zehn Millionen Jahren
Deutschland im Eiszeitalter
Deutschland in der Frühbronzezeit
Deutschland in der Mittelbronzezeit
Deutschland in der Spätbronzezeit
Die Aunjetitzer Kultur in Deutschland
Die Straubinger Kultur in Deutschland
Die Singener Gruppe
Die Arbon-Kultur in Deutschland
Die Ries-Gruppe und die Neckar-Gruppe
Die Adlerberg-Kultur
Der Sögel-Wohlde-Kreis
Die nordische Bronzezeit in Deutschland
Die Hügelgräber-Kultur in Deutschland
Die ältere Bronzezeit in Nordrhein-Westfalen
Die Bronzezeit in der Lüneburger Heide
Die Stader Gruppe
Die Oldenburg-emsländische Gruppe
Die Urnenfelder-Kultur in Deutschland
Die ältere Niederrheinische Grabhügel-Kultur

Österreich in der Spätbronzezeit

Raub-Dinosaurier von A bis Z. Mit Zeichnungen von Dmitry Bogdanav und Nobu Tamura

Rekorde der Urmenschen. Erfindungen, Kunst und Religion

Rekorde der Urzeit. Landschaften, Pflanzen und Tiere

Säbelzahnkatzen. Von Machairodus bis zu Smilodon

Säbelzahntiger am Ur-Rhein. Machairodus und Paramachairodus

Was ist ein Menhir? Interview mit dem Mainzer Archäologen Dr. Detert Zylmann

Wer ist der kleinste Dinosaurier? Interviews mit dem Wissenschaftsautor Ernst Probst

Wer war der Stammvater der Insekten? Interview mit dem Stuttgarter Biologen und Paläontologen Dr. Günther Bechly

6000 Jahre Kastel. Von der Steinzeit bis zum 21. Jahrhundert

5000 Jahre Kostheim. Von der Steinzeit bis zum 21. Jahrhundert

Kastel in der Vorzeit. Von der Jungsteinzeit bis Christi Geburt

Kostheim in der Vorzeit. Von der Jungsteinzeit bis Christi Geburt

Wiesbaden in der Steinzeit

Anno 1.000.000. Deutschland in der älteren Altsteinzeit

Das Protoacheuléen. Eine Kulturstufe der Altsteinzeit vor etwa 1,2 Millionen bis 600.000 Jahren

Das Altacheuléen. Eine Kulturstufe der Altsteinzeit vor etwa 600.000 bis 350.000 Jahren

Das Jungacheuléen. Eine Kulturstufe der Altsteinzeit vor etwa 350.000 bis 150.000 Jahren

Kulturen der Jungsteinzeit vor etwa 3.900 bis 3.500 v. Chr.
Die Salzmünder Kultur. Eine Kultur der Jungsteinzeit vor
etwa 3.700 bis 3.200 v. Chr.
Die Chamer Gruppe. Eine Kulturstufe der Jungsteinzeit
vor etwa 3.500 bis 2.800 v. Chr.
Die Wartberg-Kultur. Eine Kultur der Jungsteinzeit vor
etwa 3.500 bis 2.800 v. Chr.
Die Walternienburg-Bernburger Kultur. Eine Kultur der
Jungsteinzeit vor etwa 3.200 bis 2.800 v. Chr.
Die Kugelamphoren-Kultur. Eine Kultur der Jungsteinzeit
vor etwa 3.100 bis 2.700 v. Chr.
Die Schnurkeramischen Kulturen. Kulturen der
Jungsteinzeit von etwa 2.800 bis 2.400 v. Chr.
Die Einzelgrab-Kultur. Eine Kultur der Jungsteinzeit vor
etwa 2.800 bis 2.300 v. Chr.
Die Schönfelder Kultur. Eine Kultur der Jungsteinzeit vor
etwa 2.800 bis 2.200 v. Chr.
Die Glockenbecher-Kultur. Eine Kultur der Jungsteinzeit
vor etwa 2.500 bis 2.200 v. Chr.
Die ersten Bauern in Österreich. Die Linienband-
keramische Kultur vor etwa 5.500 bis 4.900 v. Chr.
Die Lengyel-Kultur in Österreich. Eine Kultur der
Jungsteinzeit vor etwa 4.900 bis 4.400 v. Chr.
Die Mondsee-Gruppe. Eine Kulturstufe der Jungsteinzeit
vor etwa 3.700 bis 2.900 v. Chr.
Die Badener Kultur in Österreich. Eine Kultur der
Jungsteinzeit vor etwa 3.600 bis 2.900 v. Chr.
Die ersten Pfahlbauten in der Schweiz. Die Anfänge der
Pfahlbauforschung und die Egolzwiler Kultur
Die Cortaillod-Kultur. Eine Kultur der Jungsteinzeit vor
etwa 4.000 bis 3.500 v. Chr.

Die Pfyner Kultur in der Schweiz. Eine Kultur der
Jungsteinzeit vor etwa 4.000 bis 3.500 v. Chr.
Die Horgener Kultur in der Schweiz. Eine Kultur der
Jungsteinzeit vor etwa 3.500 bis 2.800 v. Chr.
Die Schnurkeramiker in der Schweiz. Eine Kultur der
Jungsteinzeit vor etwa 2.800 bis 2.400 v. Chr.

www.ingramcontent.com/pod-product-compliance
Lightning Source LLC
Chambersburg PA
CBHW072307170526
45158CB00003BA/1216